Afsaneh Delpasand Khabbazi
Saber Delpasand Khabbazi

Melhoria do isolamento do dsRNA viral a partir de plantas infectadas e do vetor N

ScienciaScripts

Imprint

Any brand names and product names mentioned in this book are subject to trademark, brand or patent protection and are trademarks or registered trademarks of their respective holders. The use of brand names, product names, common names, trade names, product descriptions etc. even without a particular marking in this work is in no way to be construed to mean that such names may be regarded as unrestricted in respect of trademark and brand protection legislation and could thus be used by anyone.

Cover image: www.ingimage.com

This book is a translation from the original published under ISBN 978-620-2-02222-4.

Publisher:
Sciencia Scripts
is a trademark of
Dodo Books Indian Ocean Ltd. and OmniScriptum S.R.L publishing group

120 High Road, East Finchley, London, N2 9ED, United Kingdom
Str. Armeneasca 28/1, office 1, Chisinau MD-2012, Republic of Moldova, Europe
Printed at: see last page
ISBN: 978-620-7-93422-5

Melhoria do isolamento de dsRNA viral a partir de plantas infectadas e de nemátodos vectores

Autores

Afsaneh Delpasand Khabbazi*[1]

Saber Delpasand Khabbazi[2]

Filiação

[1]Departamento de Proteção das Plantas, Faculdade de Agricultura, Universidade de Tabriz, 51666, Tabriz, Irão

[2]Departamento de Culturas Arvenses, Faculdade de Agricultura, Universidade de Ancara, Diskapi, 06110, Ancara, Turquia

*Correspondência: a.delpasand@tabrizu.ac.ir; afsaneh_delpasand@yahoo.com

ÍNDICE DE CONTEÚDOS

Afsaneh Delpasand Khabbazi
Saber Delpasand Khabbazi

Melhoria do isolamento do dsRNA viral a partir de plantas infectadas e do vetor N

RESUMO

A extração de ARN de cadeia dupla viral de espécies vegetais e nemátodos infectados é útil para a identificação dos vírus envolvidos na infeção. Neste estudo, extraímos dsRNA de diferentes plantas lenhosas e herbáceas e do nemátodo virolífero, *Xiphinema index,* através de um método modificado que reduz os custos e o tempo do processo de extração. Este método baseia-se na diferente afinidade dos ácidos nucleicos para a celulose CF-11 em tampão cloreto de sódio Tris EDTA contendo etanol. Não é utilizado qualquer tratamento com fenol ou mini-colunas no procedimento de isolamento. Os dsRNAs extraídos foram identificados por tratamento com ribonuclease e Reação em Cadeia da Polimerase com Transcriptase Reversa. Aplicámos o procedimento em cinco hospedeiros diferentes - *Vitis vinifera, Gomphrena globosa, Phaseolus vulgaris, Chenopodium quinoa* e *Rosa kordessi* - infectados com quatro vírus diferentes: *Grapevine fanleaf virus, Cucumber mosaic virus, Peanut stunt virus* e *Prunus necrotic ring spot virus.* Este método modificado foi utilizado para detetar e confirmar o dsRNA viral no nemátodo vetor, com o objetivo de reduzir o tempo de deteção do vírus.

Palavras-chave: RNA de cadeia dupla; vírus de plantas; reação em cadeia da polimerase; infeção viral

Capítulo 1

dsRNA viral e plantas infectadas

1.1 RNA de cadeia dupla (dsRNA)

Os dsRNAs são segmentos de ácidos nucleicos que foram reconhecidos como materiais genéticos de muitos vírus de plantas, animais, fungos e bactérias; os dsRNA específicos de vírus também se encontram em células infectadas com vírus de ARN de cadeia simples. Os dsRNAs são formas intermédias na replicação de vírus de ARN de cadeia simples (ssRNA) (Jia et al., 2017) ou produtos erróneos devido à transcrição bidirecional convergente (vírus de ADN). Embora a forma intermédia, o dsRNA, seja transitória, pode ser isolada através de diferentes abordagens laboratoriais de reconhecimento de vírus. Os vírus de dsRNA são também um grupo de vírus que variam em termos de gama de hospedeiros, número de segmentos do genoma e organização do virião. Também podem ser isolados através dos mesmos métodos de deteção de vírus.

1.2 O efeito das espécies vegetais no rendimento do isolamento de dsRNA

Existem diferentes vírus de plantas que causam doenças em plantas lenhosas e herbáceas. As características fisiológicas e bioquímicas das plantas podem ter impacto no reconhecimento da infeção viral. Algumas plantas, como as espécies lenhosas, contêm grandes quantidades de compostos fenólicos que dificultam a deteção molecular dos vírus. Esses inibidores devem ser eliminados antes ou durante o isolamento do ARN viral, a fim de melhorar a qualidade e a quantidade do ARN viral purificado. Ao contrário das plantas lenhosas, a extração de ssRNA e dsRNA virais de plantas herbáceas é geralmente muito mais fácil devido à menor quantidade desses inibidores.

1.3 Os vírus empregados; hospedeiros, transmissão e sintomas

Tendo em conta os danos causados a nível mundial pelos vírus *Secoviridae* e

Bromoviridae, foram utilizados no estudo quatro isolados de vírus representativos destas famílias.

1.3.1 *Vírus do mosaico do pepino* (cucumovírus) da família *Bromoviridae*

O vírus do mosaico do pepino (CMV) tem uma vasta gama de hospedeiros vegetais, desde espécies herbáceas a espécies lenhosas. A facilidade de transmissão do vírus, por via mecânica, através das mãos ou ferramentas dos agricultores, da alimentação de afídeos, da cuscuta e da enxertia, resultou numa vasta gama de hospedeiros. Os sintomas do vírus também variam consoante a espécie vegetal e as condições ambientais. Entre os sintomas bem conhecidos do *vírus do mosaico do pepino* contam-se o atrofiamento, a malformação das folhas, o padrão em mosaico de verde claro e verde escuro (ou amarelo e verde) nas folhas, as manchas em anel ou em linha nas folhas ou nos frutos, as estrias amarelas nas folhas, as manchas amarelas nas folhas, a quebra da cor das flores e o amarelecimento distinto apenas das nervuras (Figuras 1.1 - 1.4).

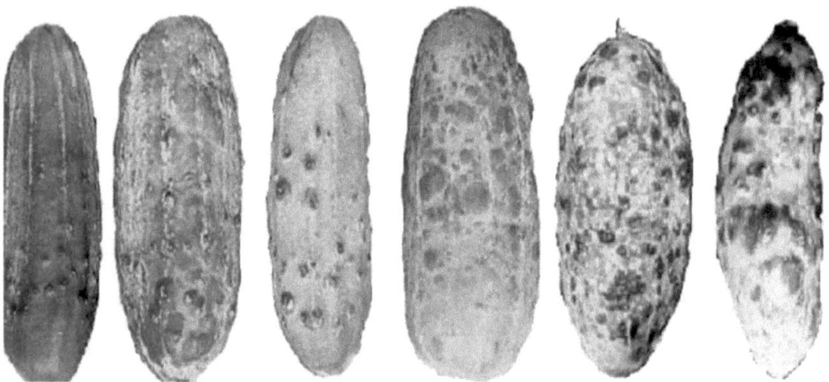

Figura 1.1 Frutos de pepino infectados com CMV. O mosaico e a enação resultaram na malformação dos frutos (Aggie Horticulture; http://aggie-horticulture.tamu.edu/)

Figura 1.2 Mosaico e deformação foliar causados pelo CMV (Aggie Horticulture; http://aggiehorticulture.tamu.edu/)

Figura 1.3 Folha infetada com CMV apresenta manchas (Aggie Horticulture; http://aggiehorticulture.tamu.edu/)

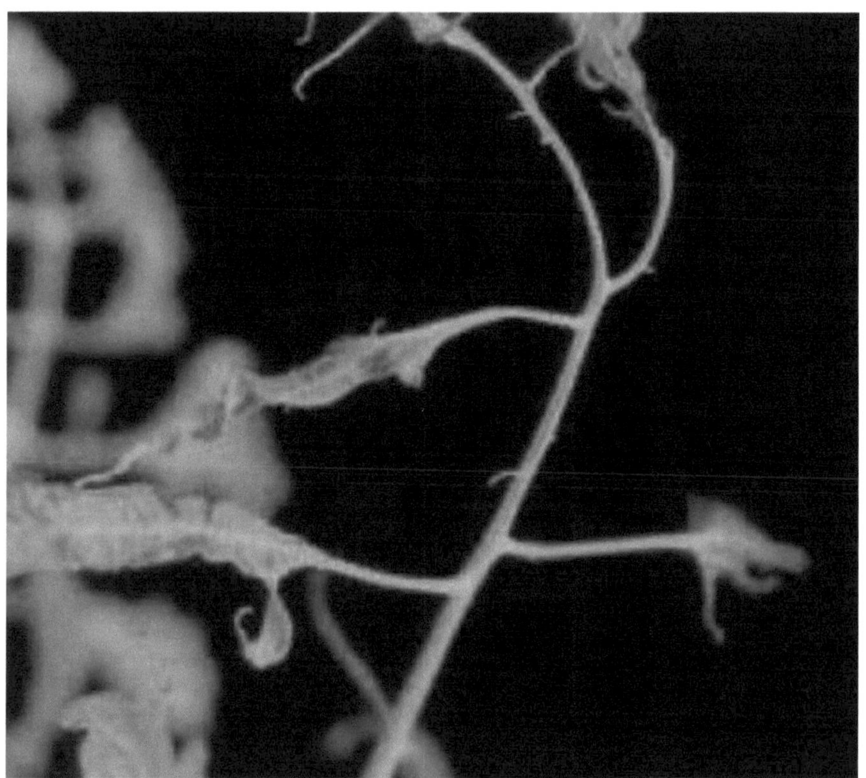

Figura 1.4 Estreitamento da folha e epinastia no tomate infetado com CMV (Aggie Horticulture; http://aggie-horticulture.tamu.edu/)

1.3.2 *Peanut stunt virus* (cucumovirus) da família *Bromoviridae*

O Peanut stunt virus (PSV) infecta principalmente membros *das leguminosas*, embora a suscetibilidade dos hospedeiros varie neste grupo de plantas; existem também outros hospedeiros de *Chenopodiaceae, Compositae, Cucurbitaceae* e *Solanaceae*. O PSV tem a mesma forma de transmissão que o CMV. No entanto, os sintomas de infeção são manchas cloróticas ou mosaico, lesões cloróticas nas folhas primárias, clareamento das nervuras das folhas trifolioladas, malformação dos folíolos em forma de alça e anéis verde-claros a amarelos com margens largas nas folhas infectadas, seguidos de áreas cloróticas nas folhas mais jovens (Figuras 1.5 - 1.7). Estes sintomas variam consoante o hospedeiro e as condições ambientais.

Figura 1.5 Mosaico clorótico e mosqueado em planta infetada com PSV (imagens IPM; https://www.ipmimages.org/)

Figura 1.6 Manchas na folha de tabaco infetada com PSV (Imagens florestais; https://www.forestryimages.org/)

Figura 1.10 Frutos imaturos de cereja infectados pelo PNRSV (PNW Insect Management Handbook; https://pnwhandbooks.org/)

Figura 1.11 Sintomas do PNRSV em folhas de roseira (PNW Insect Management Handbook; https://pnwhandbooks.org/)

1.3.4 *Grapevine fanleaf virus* (nepovirus) da família *Secoviridae*

O Grapevine fanleaf virus (GFLV) infecta as videiras, causando sintomas como o encurtamento dos entrenós, a semelhança das folhas com o leque (fanleaf), a assimetria das lâminas foliares, a formação de bandas nas nervuras, o amarelecimento das folhas e o mosaico nas folhas, cachos mais pequenos com bagos abortados (Figuras 1.12 - 1.17). Os nemátodos (em particular o *Xiphinema index)* são os principais vectores da virose. No entanto, existem outras formas de transmissão do GFLV, como a transmissão mecânica, o solo e a propagação de material infetado, que podem facilmente disseminar o vírus.

Figura 1.12 A formação de bandas nas veias é um dos sintomas óbvios do GFLV

(Extensão; http://articles.extension.org/)

Figura 1.13 Folhas infectadas com GFLV mostrando o sintoma da folha em leque (Extensão; http://articles.extension.org/)

Figura 1.14 Amarelecimento das folhas infectadas com GFLV (Extensão; http://articles.extension.org/)

Figura 1.15 Deformação da lâmina foliar em resultado da infeção por GFLV
(Extensão;httphttp://articles.extension.org/)

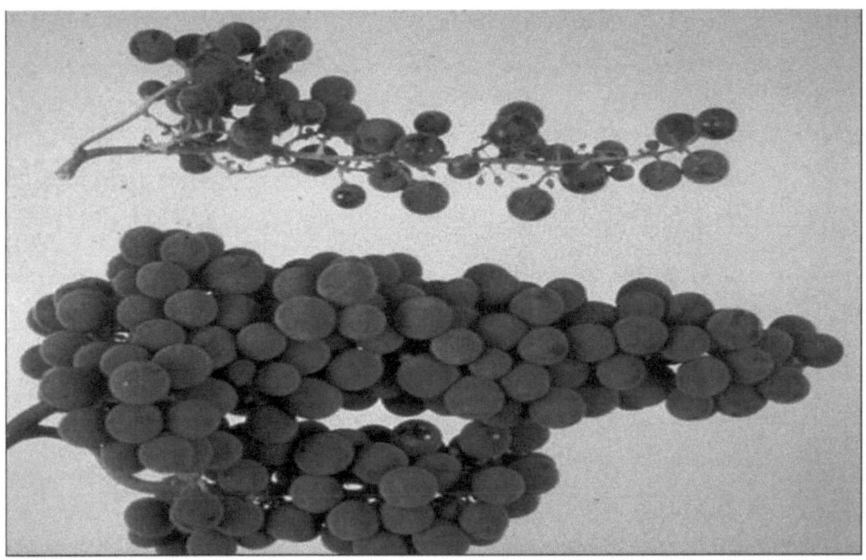

Figura 1.16 O GFLV reduz a produção de frutos, provocando cachos mais pequenos com bagos abortados
(Extension; http://articles.extension.org/)

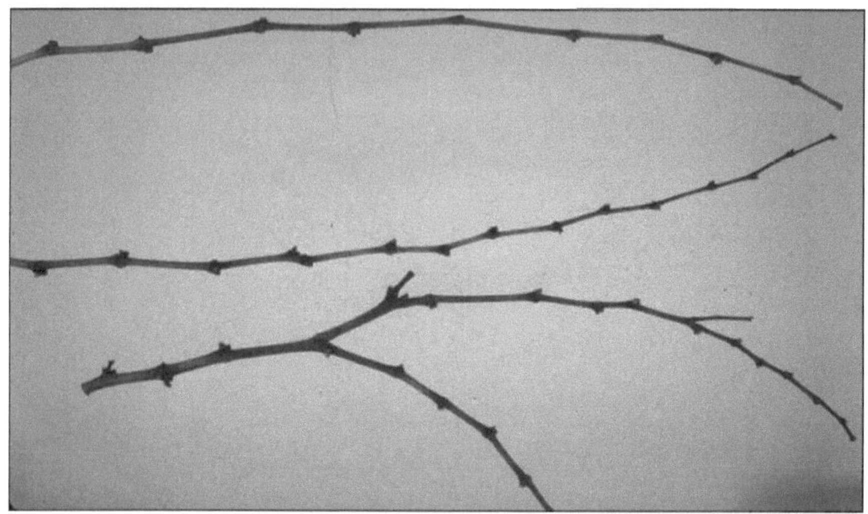

Figura 1.17 Encurtamento dos entrenós, como sintoma do GFLV nos rebentos da videira (Extensão; http://articles.extension.org/)

1.4 *Xiphinema index* transmite o dsRNA viral

O Grapevine fanleaf virus (GFLV) é um membro do género *nepovirus* da família *Secoviridae* que é transmitido por espécies de Xiphinema (Hewitt et al., 1958). O nemátodo vetor adquire o GFLV ao alimentar-se das raízes da videira infetada (Leavitt, 2000). A proteína da capa do GFLV é determinante para a transmissão do vírus pelo vetor (Andret-link et al., 2004). De acordo com Taylor e Rasky (1964), durante a muda do nemátodo, o GFLV pode perder-se. Por conseguinte, não pode ser transmitido através dos ovos (McFarlane et al., 2002). A transmissão do vírus é caracterizada pela especificidade entre o GFLV e o *X. index*. Xiphinema é conhecido como um nemátodo da adaga e também é considerado uma das principais pragas de plantas lenhosas (Brown et al., 1995). Existem vários métodos para isolar o nemátodo das plantas ou do solo, tais como a peneiração e a gravidade de Cobb, o funil de Baermann, a extração por névoa e os métodos de flutuação centrífuga (Viglierchio e Schmitt, 1983; Evans et al., 1993; Shurtleff e Averre III, 2000). As amostras de solo são colhidas perto das videiras até uma profundidade de 60 cm (Quader et al., 2003).

As espécies de nemátodos e o tipo de solo são os factores comuns que afectam o método de extração (Brown e Boag, 1988). As amostras de solo infectadas com nemátodos devem ser manuseadas com cuidado, devido à suscetibilidade das espécies de Xiphinema. A ausência de nemátodos influencia a concentração de ARN viral extraído.

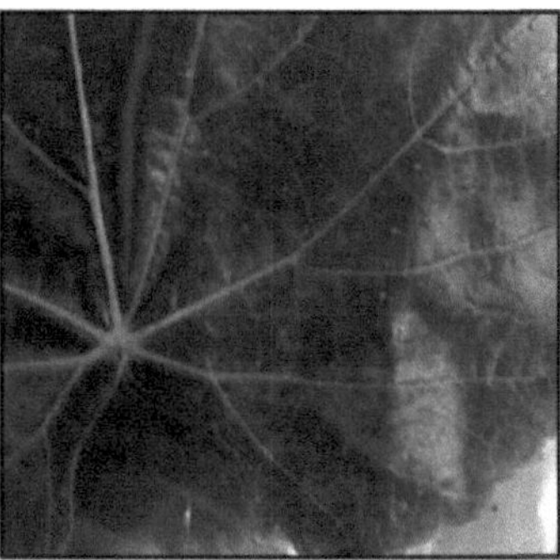

Figura 2.2 Mosaico e mosqueado na folha da videira (sintomas do *Grapevine fanleaf virus*)

Figura 2.3 Deformação das folhas da videira (sintomas do *Grapevine fanleaf virus'*)

Figura 2.4 Manchas e manchas tópicas na folha de quinoa (sintomas do *Grapevine fanleaf virus*)

Figura 2.5 Folhas de amaranto globular inoculadas com o *vírus do mosaico do pepino*. *A* epinastia e a deformação das folhas são os sintomas da infeção viral

Figura 2.6 Amarelecimento ligeiro e epinastia de folhas de feijão comum inoculadas com *Peanut stunt virus*

Quadro 2.1 Plantas infectadas utilizadas como fontes de dsRNAs

Plant material	Infecting virus	Collected region
Grapevine (*Vitis vinifera*)	*Grapevine fanleaf virus*	Khelejan, East Azerbaijan province, Iran
Globe amaranth (*Gomphrena globosa*)	*Cucumber mosaic virus*	inoculated in greenhouse
Common Bean (*Phaseolus vulgaris*)	*Peanut stunt virus*	inoculated in greenhouse
Quinoa (*Chenopodium quinoa*)	*Grapevine fanleaf virus*	Mayan, East Azerbaijan province, Iran
Rosa (*Rosa kordessi*)	*Prunus necrotic ring spot virus*	Khoy, West Azerbaijan province, Iran

Delpasand Khabbazi et al., 2017a

2.2 Extração de DsRNA de folhas de plantas infectadas

A extração de DsRNA foi efectuada por homogeneização de 0,5 - 2 g de tecido foliar fresco (0,5 g de feijão comum e quinoa e 2 g de videira, rosa e amaranto) em 2-4 ml de tampão de lise (ver apêndice 1) e dividida em 2 a 4 tubos (1 ml por cada tubo de microcentrifugação de 2,0 ml). Após um segundo vórtice vigoroso, os tubos foram incubados num banho de água a 37 °C durante 10 minutos. Em seguida, adicionou-se clorofórmio numa proporção de 1:1 e misturou-se. Centrifugação a 11300 rpm durante 20 minutos a 4 °C. A camada superior foi transferida para um novo tubo e adicionou-se clorofórmio numa proporção de 1:1, seguido de uma centrifugação de 7 minutos a 11300 rpm (4 °C) (este passo pode ser repetido para remover partículas de tecido remanescentes). A camada superior foi colocada num novo tubo; foram adicionados 0,2 ml de etanol absoluto por cada 1 ml do sobrenadante, invertidos várias vezes e seguidos de uma centrifugação de 5 minutos (11300 rpm a 4 °C). Para envolver as moléculas de dsRNA, adicionou-se 15 mg de celulose CF-11 (Sigma-Aldrich Corp., Schnelldorf, Alemanha) em cada tubo, misturou-se vigorosamente e manteve-se à temperatura ambiente durante 5 minutos. Após uma centrifugação de 7 minutos a 11300 rpm (4 °C), a fase superior foi removida e foi adicionado 1 ml de tampão de lavagem (ver apêndice 2) e misturado vigorosamente. A centrifugação durante 5 minutos separou o sedimento e as fases aquosas. A fase transparente foi removida e o passo de lavagem repetido. Para eluir o sedimento após a remoção da fase superior, foram adicionados 150 pl de IX STE e incubados à temperatura ambiente durante 5 minutos. Após centrifugação a 11300 rpm durante 5 minutos, a fase superior foi transferida para um novo tubo. As amostras divididas do mesmo tipo foram recolhidas num único tubo. Adicionou-se etanol absoluto no dobro do volume da solução e manteve-se a - 20 °C durante uma hora. Para precipitar o dsRNA esperado, os tubos foram centrifugados a 11300 rpm durante 20 minutos a 4 °C. O pellet foi exposto a secar durante 15 minutos, depois dissolvido em 30 pl ddH$_2$O e mantido a - 20 °C (Figura 2.7) (Delpasand Khabbazi etal.,2017a).

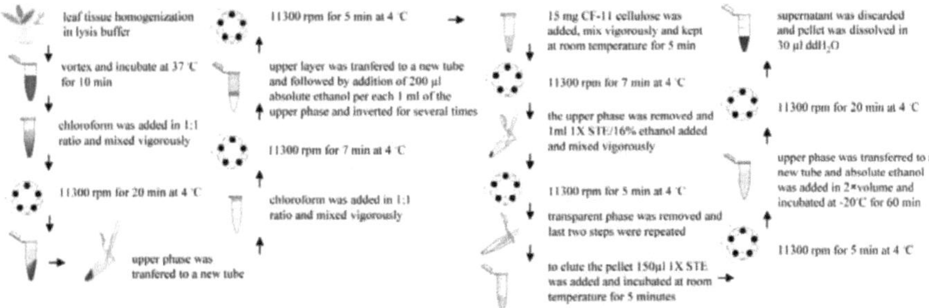

Figura 2.7 O esquema do procedimento de extração de dsRNA viral a partir de plantas infectadas; foram utilizadas folhas de videira, amaranto globular, feijão comum, quinoa e plantas de rosa na extração de dsRNA (Delpasand Khabbazi et al., 2017a)

2.3 Isolamento de nemátodos das amostras de solo

Foram colhidas amostras de solo da rizosfera de uma videira positiva para o vírus da febre catarral ovina, previamente confirmada por PCR. A amostragem foi efectuada a diferentes profundidades (5, 10, 15, 20, 30, 40 e 50 cm) do solo. As amostras de solo infectadas com nemátodos devem ser manuseadas com cuidado, devido à suscetibilidade das espécies de *Xiphinema*. A falta de nemátodos influencia a concentração de ARN viral extraído. O isolamento do *índice de X.* foi efectuado segundo o método de peneiração de Cobb (Chawla e Prasad, 1974) e, em seguida, o nemátodo foi identificado morfologicamente (Figura 2.8 e 2.9).

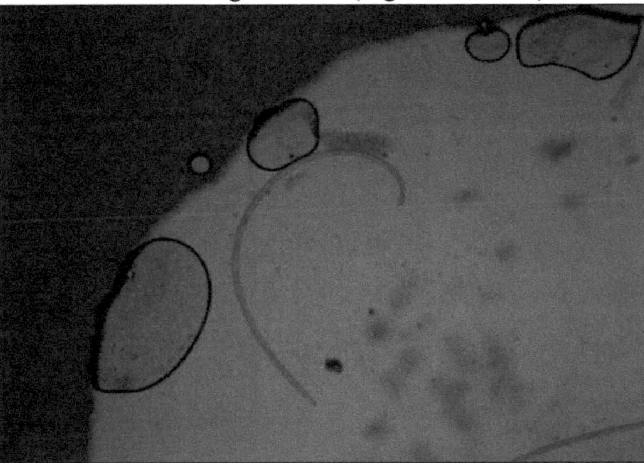

Figura 2.8 Isolamento *de* nemátodos X. *index* das amostras de solo (Delpasand Khabbazi et al., 2017b)

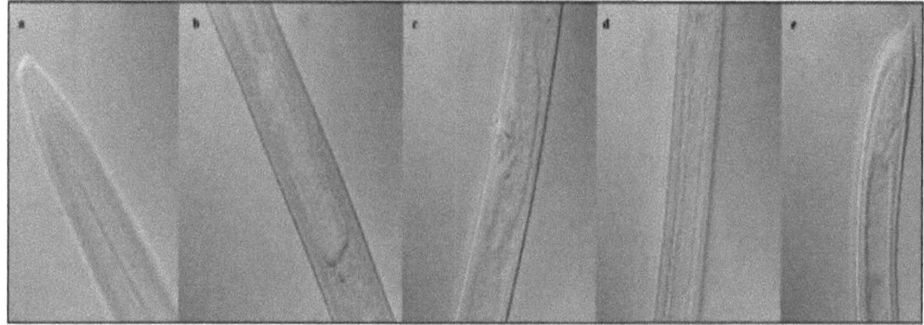

Figura 2.9 Análise morfológica *deX. index'*, a. Estilete (odontótilo), b. Esófago de Dorylaimid, c. vista lateral da vulva de uma fêmea, d. Órgãos Z de um nemátodo fêmea, e. Região da cauda de um nemátodo fêmea adulta com um ânus e um pequeno muco na extremidade (Delpasand Khabbazi et al., 2017b)

2.4 Extração de DsRNA de nemátodos virolíferos

Para estudar a replicação do vírus no nemátodo vetor, foi aplicado o protocolo de isolamento de dsRNA modificado para extrair dsRNA viral de *X. index*. Dez a quinze nemátodos foram cortados em 300 pl de tampão de extração de dsRNA. Após um vórtex vigoroso de 5 s, os microtubos foram incubados num banho de água a 37 °C durante 10 min. Em seguida, adicionou-se clorofórmio 1:1 e procedeu-se à centrifugação a 11300 rpm durante 20 minutos a 4 °C. A camada superior foi transferida para um novo microtubo e foi adicionado clorofórmio, seguido de uma centrifugação de 7 minutos a 11300 rpm (4°C). A camada superior foi colocada num novo tubo; foram adicionados 0,2 ml de etanol absoluto por 1 ml do sobrenadante, seguido de uma centrifugação de 5 minutos. Para envolver o ácido nucleico, foram adicionados 15 mg de celulose CF-11 (Sigma-Aldrich Corp., Schnelldorf, Alemanha) a cada tubo e mantidos à temperatura ambiente durante 5 minutos. Após uma centrifugação de 7 minutos a 11300 rpm (4°C), a fase superior foi removida e foi adicionado 1 ml de tampão de lavagem aos tubos. A centrifugação durante 5 minutos separou o sedimento e as fases aquosas. Retirando a fase transparente, repetiu-se o passo de lavagem. Para eluir o sedimento após a remoção da fase superior, foram adicionados 150 pl de IX STE e incubados à temperatura ambiente durante 5 minutos. Após 5 minutos de centrifugação a 11300 rpm, a fase superior foi transferida para novos tubos. Adicionou-se etanol absoluto em 2* volume da solução em cada tubo e manteve-se a - 20 °C durante uma hora. Para precipitar o dsRNA esperado, os microtubos foram centrifugados a 11300 rpm durante 20 minutos. O pellet foi dissolvido em 30 pl ddH$_2$ O e foi tratado com RNaseA em NaCl 300 mM. Em seguida, foi incubado a 37°C durante 30 min. O tratamento com RNaseA foi efectuado para eliminar os ssRNAs. Posteriormente, foi mantido a - 20°C (Delpasand Khabbazi et al., 2017b).

2.2   Tratamento com DNasel e RNaseA

Para confirmar o dsRNA extraído e eliminar a possível contaminação com ADN e ssRNA (ARN de cadeia simples), as amostras foram submetidas a um tratamento com DNasef (Sigma- Aldrich Corp., St. Louis, EUA) na presença de 30 mM MgCl$_2$, e a um tratamento com RNaseA (Thermo Fisher Scientific fnc., Waltham, EUA) na presença de 30 mM NaCl. Para efetuar a reação, adicionaram-se separadamente Ipl DNasef e Ipl RNaseA a 10 pl de amostras de dsRNA e incubou-se durante 30 minutos a 30 °C, terminando com uma incubação a 75 °C durante 10 minutos; foram também efectuadas reacções de controlo sem qualquer tratamento enzimático. Dez microlitros do dsRNA tratado com enzimas foram electroforizados em gel de agarose a 1,6 % (tampão IX TBE), corado com brometo de etídio e visualizado com luz ultravioleta (UV). Foi utilizado o marcador de tamanho Lambda DNA-AcoRI plus *HindLH* (Thermo Fisher Scientific Inc., Waltham, EUA) para identificar as bandas pretendidas.

De acordo com o manual da Thermo Fisher Scientific Inc., o tratamento com RNAseA na presença de NaCl 300 mM elimina apenas as moléculas de ssRNA. No entanto, a redução da concentração de sal para <100 mM poderia eliminar tanto o dsRNA como o ssRNA. Além disso, o tratamento com DNAsel pode eliminar a contaminação do ADN do hospedeiro na presença de 30 mM de MgCl$_2$. Estes tratamentos purificam o dsRNA sujeito.

2.3   Deteção do vírus através de RT-PCR

A RT-PCR (Reação em Cadeia da Polimerase com Transcriptase Reversa) foi realizada utilizando iniciadores específicos da proteína da capa para confirmar a identidade do dsRNA viral extraído (Quadro 2.2). Para efetuar a síntese de cDNA, 5 pl de amostra de dsRNA mais 10 pmol de iniciador inverso foram ajustados para um volume total de 12,5 pl e pré-aquecidos a 80°C durante 5 minutos, tendo depois sido arrefecidos em gelo e centrifugados por breves instantes. Foi adicionada à solução preparada, composta por 200 unidades de Revert Aid Reverse Transcriptase (Thermo Fisher Scientific Inc., Waltham, EUA), acompanhada de tampão IX RT, 20 unidades de inibidor de RNase e 1 mM de dNTPs; em seguida, foi incubada a 42 °C durante 60 minutos e terminada com 10 minutos de incubação a 70 °C. A amplificação por PCR da primeira cadeia de ADNc foi efectuada utilizando uma unidade de *Taq* DNA Polymerase (SinaClon Co., Teerão, Irão) numa mistura de reação total de 20 pl contendo tampão de reação lx, 1,5 mM $MgCl_2$, 1 mM dNTPs e 10 pmol de cada iniciador. As condições de reação optimizadas foram as seguintes: desnaturação inicial a 94 °C durante 1 minuto, seguida de 30 ciclos de desnaturação a 94 °C durante 40 segundos, recozimento a 60 °C durante 45 segundos, extensão a 72 °C durante 40 segundos e um passo final de alongamento a 72 °C durante 7 minutos.

Quadro 2.2 Primers específicos da proteína da capa utilizados nas reacções de amplificação

Infected virus	Coat protein and satellite specific primer	Expected product (bp)
Grapevine fanleafvirus[1]	F: 5'-GAACTGGCAAGCTGTCGTAGAA-3' R: 5'-GCTCATGTCTCTCTGACTTTGACC-3'	350
Cucumber mosaic virus[2]	F: 5'-GCTTCTCCGCGAG-3' R: 5'-GCCGTAAGCTGGATGGAC-3'	867
Peanut stunt virus[3]	F: 5'-CGGATCCGATGGCATCTAGATCTGGTAACGG-3' R: 5'-CAGTCGACGACCGGGAGCTTGGAAGC-3'	670
Prunus necrotic ring spot virus[4]	F: 5'-GCTCTAGACTAGATCTCAAGCAGGTC-3' R: 5'-AACTGCAGATGGTTTGCCGAATTTGCAA-3'	670
Satellite RNA[5]	F: 5'-ACACAAACAGCAGTCTGATGGA-3' R: 5'-GCTGAGGAAAAACTGTTCGGA-3'	750

[1] Izadpanah et al., 2003; [2] Rizos et al., 1992; [3,4,5] Delpasand Khabbazi et al., 20f7a

Capítulo 3

Avaliação dos resultados e discussão

3.1 Isolamento de dsRNA

Utilizando o método modificado, extraímos com êxito dsRNA viral de *Chenopodium quinoa* (figura 3.1-a4), *Rosa kordessi* (figura 3.1-a5), *Vitis vinifera* (figura 3.1-b7), *Gomphrena globosa* (figuras 3.1-cll e 3.1-C12) e *Phaseolus vulgaris* (figura 3.1-C13). Para confirmar a estrutura do ARN de cadeia dupla das moléculas extraídas, estas foram submetidas a um tratamento com DNase!; de acordo com os resultados, continuaram a existir bandas de ARN dupla após o tratamento com DNase!, o que confirmou a estrutura do ARN das moléculas isoladas (figura 3.1-b8). No entanto, o tratamento com RNaseA em NaCl 30 mM levou à degradação total, o que também confirmou a extração (Figura 3.1-b9). Não foi observado qualquer dsRNA na extração do controlo negativo (videira sã) (figura 3.1-a2). Não foi extraído qualquer dsRNA de folhas congeladas de videira (Figura 3.1-a3). Estas folhas foram armazenadas diretamente a - 20 °C após a colheita, sem congelação profunda em azoto líquido. O vírus (GFLV) não foi estável no tecido foliar durante alguns dias de manutenção a - 20 °C, embora não tenha sido ultracongelado antes do armazenamento.

3.2 Confirmação dos dsRNAs isolados

De acordo com os resultados da RT-PCR, o dsRNA extraído da rosa infetada com PNRSV (figura 3.2-a2), do feijão comum infetado com PSV (figura 3.2-a3), da quinoa infetada com GFLV (figura 3.2-b5), da videira infetada com GFLV (figura 3.2-b6) e do amaranto globoso infetado com CMV (figura 3.2-b7) foi validado através da amplificação por PCR da sequência da proteína da capa do vírus, o que verificou a exatidão do procedimento de extração.

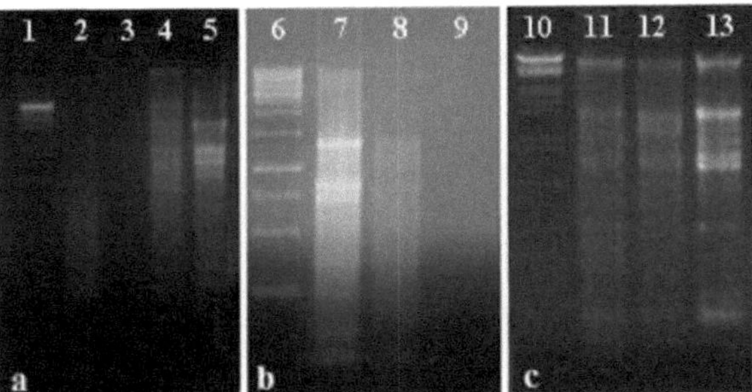

Figura 3.1 Eletroforese em gel de agarose (1.6%) do dsRNA viral extraído de: folha congelada de videira infetada com GFLV (a2) e folha fresca de videira sã(a3), *Chenopodium quinoa* infetada com GFLV*(a4)*, *Rosa kordessi* infetada com PNRSV *(a5)*, *Vitis vinifera* infetada com GFLV (b7), *Gomphrena globosa infetada* com CMV*(cll* &cl2), *Phasolus vulgaris infetado com* PSV*(cl3* As moléculas de dsRNA extraídas foram submetidas a DNase I (b8) e RNase A na presença de NaCl 30 mM (b9) para confirmar a estrutura do ARN das moléculas extraídas. Utilizou-se o marcador de tamanho Lambda DNA-AcoRI plus *HindXH* (al & clO), o marcador de tamanho Gene Ruler Ikb DNA Ladder (b6) (Thermo Fisher Scientific Inc., Waltham, EUA) para traçar as bandas desejadas (Delpasand Khabbazi et al., 2017a)

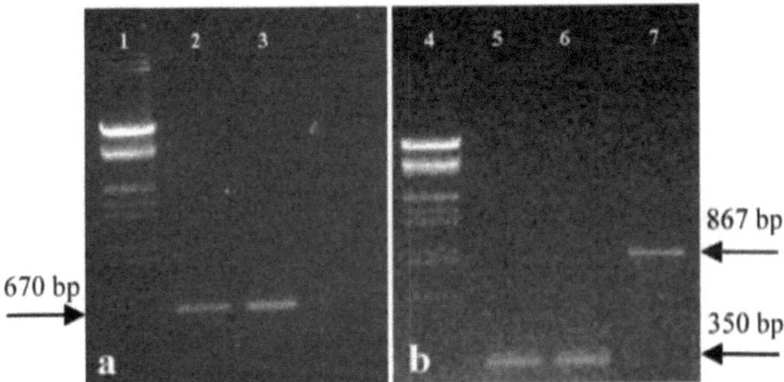

Figura 3.2 Eletroforese em gel de agarose (1,2%) dos produtos RT-PCR realizados em plantas infectadas; roseira infetada com PNRSV (a2), feijão-comum infetado com PSV (a3), quinoa infetada com GFLV (b5), videira infetada com GFLV (b6), amaranto de globo infetado com CMV (b7). O marcador de tamanho DNA-AcoRI plus *HindXH* foi utilizado para traçar as bandas desejadas (al, b4) (Delpasand Khabbazi et al., 2017a)

Como esperado, devido ao baixo teor de dsRNA nos nemátodos, não se registou uma banda nítida no gel de agarose a 1,6 %. No entanto, a RT-PCR efectuada com os iniciadores da proteína da capa e do satélite do GFLV produziu o fragmento de 350 pb esperado da proteína da capa e o fragmento de 750 pb do satélite. A eletroforese em gel dos produtos de RT-PCR (com base no modelo de dsRNA) confirmou a replicação do GFLV no vetor nemátodo (figura 3.3). Uma vez que as estruturas de dsRNA são as formas de replicação intermédias dos vírus, seria previsível que não se obtivessem bandas de eletroforese satisfatórias de dsRNA presentes no nemátodo vetor. No entanto, a RT-PCR efectuada no dsRNA amplificou o fragmento desejado e demonstrou a replicação do vírus no vetor.

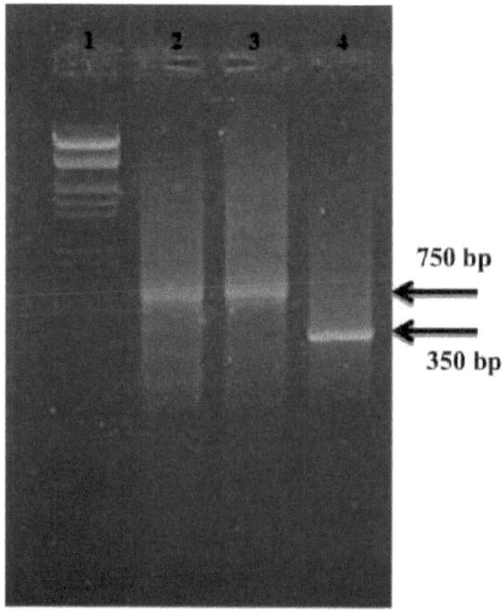

Figura 3.3 Eletroforese em gel de agarose dos produtosRT-PCR realizados com dsRNA extraído do *índice A*. 1. Lambda DNA-AcoRI mais marcador de tamanho *HindXW*, 2. O fragmento satélite foi amplificado quando o dsRNA extraído de *X. index* foi utilizado como modelo, 3. O fragmento satélite foi amplificado quando o dsRNA extraído de *Chenopodium amaranticolor* foi o modelo, 4. O fragmento da proteína do revestimento foi amplificado quando o dsRNA extraído de *X. index foi* utilizado como modelo (Delpasand Khabbazi et al., 2017b)

3.3 Discussão

A maioria dos vírus de ARN produz moléculas de dsRNA que são cópias do genoma do vírus; assim, a análise da extração de dsRNA pode ser considerada um instrumento promissor na identificação de vírus. Desde os primeiros relatos de extração de dsRNA, foram realizados vários estudos para melhorar o procedimento (Morris e Dodds, 1979; Morris et al., 1983; Rezaian et al., 1991). É necessário desenvolver um método de extração mais eficaz e prático para enredar as moléculas de dsRNA em pequenas quantidades. A maior parte dos trabalhos de investigação destinava-se praticamente a reduzir a complexidade, o tempo e os custos impostos pelo processo de extração. Registaram-se melhorias significativas ao longo do tempo (Balijja et al., 2008; Okada et al., 2015; Blouin et al., 2016; Khankhum et al., 2017); para utilizar o dsRNA isolado em reacções a jusante, este deve estar em quantidade suficiente. De acordo com os estudos, o hospedeiro vegetal pode ser um dos principais factores que interferem com a extração de dsRNA (Tzanetakis et al., 2008). A elevada quantidade de taninos, compostos fenólicos e polissacáridos em algumas plantas é problemática, uma vez que interfere com a extração de ácido nucleico (Loomis, 1974). Para facilitar a extração nessas plantas recalcitrantes, foram estabelecidos métodos aperfeiçoados (Rezaian e al., 1991); no entanto, alguns dos protocolos têm sido demorados e trabalhosos (Speiegel, 1987; Li et al., 2007).

Num estudo primário, foi utilizada uma quantidade relativamente grande de tecido vegetal para extrair dsRNA (Speiegel, 1987). Nesse estudo, foram utilizadas 50 g de folhas frescas para extrair dsRNA; esta quantidade foi reduzida em cinco vezes (10 g) noutro estudo (Tzanetakis e Martin, 2008). Num estudo recente, Blouin et al. (2016) reduziram a quantidade para 0,1 g, mas os custos associados ao seu método podem não ser acessíveis a alguns laboratórios com recursos financeiros limitados. Para enriquecer o dsRNA a partir de extractos de plantas infectadas, utilizaram anticorpos monoclonais anti-dsRNA. Os kits de extração de dsRNA disponíveis (ABC Scientific, fnc., CA, EUA) facilitaram o processo de extração. Utilizando pequenas quantidades de tecido (0,05 - 0,3 g), o dsRNA pode ser extraído num curto espaço de tempo, embora seja necessário um custo adicional.

Okada et al. (2015) utilizaram colunas micro-spin auto-preparadas à base de pó de celulose para purificar moléculas de dsRNA, o que reduziu eficazmente as despesas e o tempo de extração. Realizaram a extração num tipo limitado de plantas, o que pode constituir um desafio. Os componentes do extrato do hospedeiro podem afetar negativamente o processo de extração do dsRNA. Nas plantas lenhosas, como a videira, a purificação do vírus pode ser dificultada por compostos fenólicos que inibem a extração do dsRNA (Loomis, 1974). Ao contrário da maioria dos protocolos em que foram utilizados tecidos foliares frescos ou congelados, Khankhum et al. (2017) utilizaram tecidos foliares dessecados e sementes para extrair dsRNA.

Ao contrário da maioria dos métodos que requerem uma quantidade relativamente grande de tecido vegetal, isolámos o dsRNA a partir de 0,5 - 2 g de tecido foliar fresco, o que torna possível fazer a extração a partir de menos quantidades de tecido, o que é especialmente importante quando o nosso acesso à planta infetada é restrito. O procedimento total é concluído em menos de 3 horas. Além disso, para evitar custos adicionais, os kits de extração e alguns reagentes utilizados em métodos já estabelecidos, como o azoto líquido, o fenol, o PVPP e a bentonite, não são utilizados durante o procedimento de extração. Neste estudo, não utilizámos quaisquer colunas cromatográficas ou ultracentrífugas, o que pode ser considerado como uma limitação de acesso para alguns laboratórios com recursos financeiros limitados (Delpasand Khabbazi et al., 2017a).

No presente estudo, modificámos o método de Rezaian et al. (1991) para ter em conta a necessidade de extração de dsRNA de algumas combinações difíceis de vírus/plantas. Uma vez que o hospedeiro da planta e o vírus são um dos principais factores que interferem com a extração de ácido ribonucleico, a combinação apresentada de vírus/hospedeiro será útil em futuros estudos de dsRNA. A combinação representa plantas de *Amaranthaceae, Vitaceae, Fabaceae* e *Rosaceae* infectadas com vírus *Secoviridae* e *Bromoviridae*.

Também utilizámos a extração de dsRNA para investigar a replicação do vírus no seu nemátodo vetor. Este seria um método rápido para detetar e identificar o vírus no seu nemátodo vetor. A quantidade de dsRNA depende drasticamente do método de extração e da espécie de planta; por conseguinte, é necessário desenvolver protocolos de extração mais eficazes e práticos para enredar as moléculas de dsRNA de baixa quantidade (Li et al., 2007).

3.4 Conclusão

As modificações foram aplicadas com o objetivo de reduzir o tempo de extração e o material vegetal utilizado, com ênfase nos custos de extração. A aplicação do método em diferentes plantas lenhosas/herbáceas infectadas aumenta a versatilidade do procedimento para estudos futuros em domínios relacionados.

disease/ acedido em 29 de março de 2017

Imagens
florestais.https://www.forestryimages.org/browse/detail.cfm?imgnum=526506ages.or
g/browse/detail.cfm?imgnum=526506 9/ acedido em 29 de março de 2017

Hewitt, W. B., Raski, D. J., e Goheen, A. C. 1958. Nemátodo vetor do vírus da folha de leque da videira transmitido pelo solo. Phytopathology 48(11): 586-595.

Imagens IPM, https://www.ipmimages.org/ acedido em 29 de março de 2017

Izadpanah, K., M.Zaki-Aghl, Y.P. Zhang, S.D. Daubert e A. Rowhani. 2003. Bermuda grass as a potential reservoir host for Grapevine fanleaf virus. Plant Disease 87(10): 1179-1182.

Jacobs, B. L., e J. O. Langland. 1996. When two strands are better than one: the mediators and modulators of the cellular responses to double-stranded RNA. Virologia 219:339-349.

Jia, H., Dong, K., Zhou, L., Wang, G., Hong, N., Jiang, D. e Xu, W. 2017. Um vírus dsRNA com partículas virais filamentosas. Nature Communications 8(168), doi:10.1038/s41467-017-00237-9.

Khankhum, S., C. Escalante, E. Rodrigues de Souto e R A. Valverde. 2017. Extração e análise eletroforética de grandes dsRNAs de tecidos vegetais dessecados infectados com vírus de plantas e fungos biotróficos. European Journal of Plant Pathology 147(2): 431-441.

Leavitt, G. M. 2000. Doenças. In: Raisin production manual. L.P. Christensen (ed.). Universidade da Califórnia, Agricultura e Recursos Naturais. Publicação 3393. pp 162- 172.

Li, H., H. Y. Dai, Z. H. Zhang, X. Y. Gao, G. D. Du e X. Y. Zhang. 2007. Isolamento e identificação de dsRNA de vírus de plantas de morango. Ciências Agrícolas na China 6(1): 86-93.

Loomis, W.D. 1974. Superando problemas de fenólicos e quinonas no isolamento de enzimas e organelas de plantas. In: S. Fleischer & L. Packer (ed.). Methods in enzymology, 3 1: pp. 528-544. Nova Iorque: Academic Press.

McFarlane, S.A., Neilson, R. e Brown, D.J.F. 2002. Nemátodos. In: Avanços na investigação botânica. Plumb R.T. (ed.). Academic Press, San Diego, CA, EUA. pp. 169-198.

Mckenzie, M. e R. Pathirana. 2007. Microenxertia de videira para indexação de vírus. Em: S.M. Jain e H. Haggman (ed.). Protocols for micropropagation of woody trees and fruits, pp. 259-266. Países Baixos: Springer.

Morris, T. J. e J. A. Dodds. 1979. Isolamento e análise de ARN de cadeia dupla de plantas infectadas com vírus e de tecido fúngico. Phytopathology 69: 854-858.

Morris, T. J., J. A. Dodds, B. Hillman, R. Jordan, S. A. Lommel e S. Tamaki. 1983. Viral specific dsRNA: diagnostic value for plant disease identification. Plant MolecularBiology Reporter 1(1): 27-30.

Okada, R., E. Kiyota, H. Moriyama, T. Fukuhara e T. Natsuaki. 2015. Um método simples e rápido para purificar dsRNA viral de tecido vegetal e fúngico. Journal of General Plant Pathology 81(2): 103-107.

PNW Insect Management Handbook, https://pnwhandbooks.org/plantdisease/host-disease/cherry-prunus-spp-prunus-necrotic-ringspot/ acedido em 29 de março de 2017

Quader, M., Riley, I. T., e Walker, G. E. 2003. Padrões de distribuição espacial e temporal dos nemátodos da adaga (Xiphinema spp.) e da lesão radicular (Pratylenchus spp.) numa vinha do Sul da Austrália. Australasian Plant Pathology 32(1), 81-86.

Rezaian, M. A., L. R. Krake, Q. Cunying e C. A. Hazzalin. 1991. Deteção de dsRNA associado a vírus em videiras infectadas com enrolamento foliar. Journal of

Virological Methods 31(2-3): 325-334.

Rizos, H., L.V. Gunn, R.D. Pares e M. R. Gillings. 1992. Differentiation of Cucumber mosaic virus isolates using the polymerase chain reaction. Journal of General Virology 73(8): 2099-2103.

Shurtleff, M. C. e Averre, C. W. 2000. Diagnosticando doenças de plantas causadas por nematóides. American Phytopatho- logical Society (APS Press).

Sokhandan-Bashir, N., Hooshmand A. e Khabbazi. A.D. 2012. Caracterização molecular de isolados filogeneticamente distintos do vírus da folha de leque da videira do Irão com base no gene 2A (HP). Indian Journal ofVirology 23(1): 50-56.

Speiegel, S. 1987. RNA de cadeia dupla em plantas de morango infectadas com o strawberry mild yelow-edge virus. Fitopatologia 77: 1492-1494.

Tzanetakis, I. E. e R. R. Martin. 2008. A new method for extraction of doublestranded RNA from plants. Journal ofVirological Methods 149(1): 167-170.

Viglierchio, D. R. e Schmitt, R. V. 1983. On the methodology of nematode extraction from field samples: comparison of methods for soil extraction. Journal of Nematology, *75*(3), 450-454.

Zhang, Y. P., B. Di. Kirkpatrik, B. C. Terlizzi, C. D. Smart e J. K. Uyemoto. 1998. Clonagem de cDNA e caraterização molecular do cherry green ring mottle virus. Journal of General Virology 79(9): 2275-2281.

APÊNDICES

Apêndice 1. Componentes do tampão de lise utilizado na extração de dsRNA

Components	Concentration
Tris, pH 7.6	200 mM
NaCl	500 mM
$MgCl_2$	10 mM
SDS	3 %
Ethanol	10 %
2-Mercapto Ethanol	1 %

Apêndice 2. Componentes do tampão de lavagem utilizado na extração de dsRNA (IX STE/16% etanol)

Components	Concentration
NaCl	100 mM
Tris-HCL	10 mM
EDTA, pH 8.0	1 mM
Ethanol, 100%	16 %

I want morebooks!

Buy your books fast and straightforward online - at one of world's fastest growing online book stores! Environmentally sound due to Print-on-Demand technologies.

Buy your books online at
www.morebooks.shop

Compre os seus livros mais rápido e diretamente na internet, em uma das livrarias on-line com o maior crescimento no mundo! Produção que protege o meio ambiente através das tecnologias de impressão sob demanda.

Compre os seus livros on-line em
www.morebooks.shop

®
MIX
Papier aus verantwortungsvollen Quellen
Paper from responsible sources
FSC
www.fsc.org
FSC® C105338